中等职业学校工程测量专业实训教材

工程测量实训任务指导书

主　编　韩一星　郝远鑫

黄河水利出版社
·郑州·

内 容 提 要

本教材根据《工程测量规范》（GB 50026—2007）和《工程测量》教材编写而成。全书共分为 11 章，主要包括直角坐标法测设点的平面位置、极坐标法点位测设、用前方交会法测设点的平面位置、正倒镜投点法、全站仪点位放样、高程测设、建筑基线测设、圆曲线主点及偏角法详细测设、基平测量、中平测量和横断面测量。

本教材具有依据明确、内容翔实、通俗易懂、实例具体、技巧灵活、可操作性强等特点，适合中职中专工程测量类专业的师生学习参考，也适用于其他相关专业教学及测绘工作者使用。

图书在版编目（CIP）数据

工程测量实训任务指导书/韩一星，郝远鑫主编．郑州：黄河水利出版社，2014.8
中等职业学校工程测量专业实训教材
ISBN 978-7-5509-0881-9

Ⅰ．①工…　Ⅱ．①韩…　②郝…　Ⅲ．①工程测量-中等专业学校-教学参考资料　Ⅳ．①TB22

中国版本图书馆 CIP 数据核字（2014）第 194311 号

出 版 社：黄河水利出版社
地址：河南省郑州市顺河路黄委会综合楼 14 层　　邮政编码：450003
发行单位：黄河水利出版社
发行部电话：0371-66026940、66020550、66028024、66022620（传真）
E-mail：hhslcbs@126.com
承印单位：河南承创印务有限公司
开本：787 mm×1 092 mm　1/16
印张：2
字数：45 千字　　印数：1—2 000
版次：2014 年 8 月第 1 版　　印次：2014 年 8 月第 1 次印刷

定价：15.00 元

中等职业学校工程测量专业实训教材
编写委员会名单

前　言

工程测量实训是工程测量课程教学的重要组成部分，为了适应中等职业学校教学改革的需要，帮助学生巩固和深化课程所学知识，根据所使用教材编写了《工程测量实训任务指导书》，在获得基本知识和基本技能的基础上，进行一次较全面、系统的训练以巩固课堂教学知识，加深对工程测量学的基本理论的理解，能够用有关理论指导作业实践，做到理论与实践相统一，提高分析问题、解决问题的能力，从而对工程测量学的基本内容得到一次实际应用。

在编写中，密切联系当前工程测量实际，尽量展现国内外先进技术方法，注重培养学生独立工作和实际动手操作的能力，培养学生热爱专业、热爱集体和艰苦奋斗的精神，严肃认真、一丝不苟、精益求精的科学实践态度以及爱护仪器、团结协作的职业道德。该书各项实训项目均有明确的目的、要求和实训方法、步骤。

本书由甘肃水利水电学校韩一星、郝远鑫主编，赵建平参编。

希望读者在使用过程中，总结经验，及时提出修改意见和建议，使之不断完善和提高。

编　者

2014年6月

目　录

实训项目一　直角坐标法测设点的平面位置

一、实训目的

掌握直角坐标法测设点的平面位置的方法。

二、仪器设备

经纬仪 1 台，花杆 2 根，测钎 4 根，钢尺 1 把，木桩 2 根，记录板 1 块。

三、实训任务

根据所给条件和数据，计算放样元素坐标增量，并根据直角坐标法测设 2 个点。

四、实训步骤和方法

(1)在现场选定两点 A、B 在一条直线上，将经纬仪安置在 A(65.88,70.33)，控制边的方位角 $\alpha_{AB}=90°$；

(2)建筑物轴线上的 1、2 点相距 17.000 m，其设计坐标为：1(35.28,70.33)，2(35.28,87.33)；

(3)计算 1 点和 2 点的放样数据；

(4)A 点安置仪器，后视 B 点，照准部旋转 90°，测钎定出该方向，在此方向上用钢尺量出 ΔX_1 打下木桩定出 1 点，再将仪器安置于 B 点，同法定出 2 点。

五、实训记录

测设数据记录

$\Delta X_1 = X_A - X_1 =$

$\Delta Y_1 = Y_A - Y_1 =$

$\Delta X_2 = X_B - X_2 =$

$\Delta Y_2 = Y_B - Y_2 =$

测设后经检查，1 点和 2 点的距离 d_{12} = __________，与已知距离 17.000 m 相差__________。理论值与实际值之差需小于 5 cm。

实训项目二　极坐标法点位测设

一、实训目的

掌握平面点位测设的基本方法。

二、仪器设备

每组 DJ_6 光学经纬仪 1 台，钢尺 1 把，记录板 1 块，花杆 1 根，木桩 6 根，测钎 2 根。

三、实训任务

实训小组由 6 人组成，每组完成给定平面坐标点位的测设。

四、实训步骤与方法

（一）控制点布设和设计数据

平面点位首先需要有控制点。如图 2-1 所示，在空旷地面选择 A、B 两点，先打下一木桩作为 A 点，桩顶面画十字线，以十字线交点为中心，用钢尺丈量一段 50.000 m 的距离定出 B 点（同样打木桩，桩顶画十字线）。设 A、B 两点的坐标为：

$$A\begin{cases}x_A = 150.000\ \text{m}\\ y_A = 150.000\ \text{m}\end{cases}\qquad B\begin{cases}x_B = 150.000\ \text{m}\\ y_B = 200.000\ \text{m}\end{cases}$$

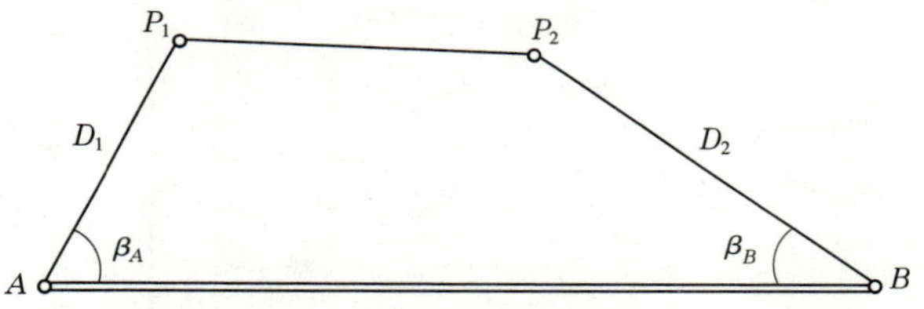

图 2-1　控制点布设示意图

设计某建筑物轴线点 P_1、P_2 坐标如下：

$$P_1\begin{cases}x_{P_1} = 158.360\ \text{m}\\ y_{P_1} = 155.240\ \text{m}\\ H_{P_1} = 10.150\ \text{m}\end{cases}\qquad P_2\begin{cases}x_{P_2} = 158.360\ \text{m}\\ y_{P_2} = 175.240\ \text{m}\\ H_{P_2} = 10.150\ \text{m}\end{cases}$$

（二）测设数据计算

用极坐标法测设点时，有 P_1，即

$$\left.\begin{aligned}
\alpha_{AB} &= \arctan\frac{y_B - y_A}{x_B - x_A} \\
\alpha_{AP_1} &= \arctan\frac{y_{P_1} - y_A}{x_{P_1} - x_A} \\
\beta_A &= \alpha_{AB} - \alpha_{AP_1} \\
D_{AP_1} &= \sqrt{(y_{P_1} - y_A)^2 + (x_{P_1} - x_A)^2}
\end{aligned}\right\}$$

同法可计算测 P_2 点的数据 D_{BP_2} 和 β_B。

（三）极坐标法轴线点平面位置测设

（1）安置经纬仪于 A 点，瞄准 B 点，变换水平度盘位置使读数 0°00′00″逆时针旋转照准部，使水平度盘读数为（$360° - \beta_A$），用测钎在地面标出该方向，在该方向上从 A 点量水平距离 D_{AP_1}，打下木桩，再重新用经纬仪标定方向和用钢尺量距，在木桩上定出 P_1 点。

（2）再安置经纬仪于 B 点，用类似方法测设 P_2 点。

（3）P_1、P_2 点的木桩位置可以用根据两点设计坐标算得的两点间水平距离，用钢尺进行检核丈量，与理论值的差数不应大于 10 mm。

五、实训记录

点的平面位置测设表

日期：　　　　　组别：　　　　　观测者：　　　　　记录者：

点号	坐标		坐标差		坐标方位角（° ′ ″）	应测设的水平角（° ′ ″）	应测设的水平距离（m）	测设略图
	x（m）	y（m）	Δx（m）	Δy（m）				

实训项目三　用前方交会法测设点的平面位置

一、实训目的

掌握用前方交会法测设点的平面位置的方法。

二、仪器设备

每组 DJ_6 经纬仪 1 台，记录板 1 块，测钎 4 根，花杆 2 根，钢尺 1 把。

三、实训任务

实训小组由 6 人组成，每组完成前方交会法放样数据的计算，测设 2 个点，完毕后认真校核。

四、实训步骤与方法

（1）如图 3-1 所示，在现场选定两点 A、B 在一条直线上，将经纬仪安置在 A(10.000, 10.000)，用钢尺量出 B(10.000, 30.000)。

（2）已知建筑物轴线上 P_1 点和 P_2 点的距离为 2.000 m，其设计坐标为 P_1(20.000, 20.000)，P_2(20.000, 22.000)。

（3）按所给的假定条件和数据，先计算出放样元素 α_{AP_1}、α_{BP_1}、β_{11}、β_{12}、α_{AP_2}、α_{BP_2}、β_{21}、β_{22}。

（4）将经纬仪安置于 A 点，后视 B 点，拨角 β_{11}，测钎定出该方向，再将经纬仪安置于 B 点，后视 A 点，拨角 β_{12}，两方向的交点即为 P_1 点。

（5）同法测设出 P_2 后，用钢尺量 P_1P_2 的距离进行检验。

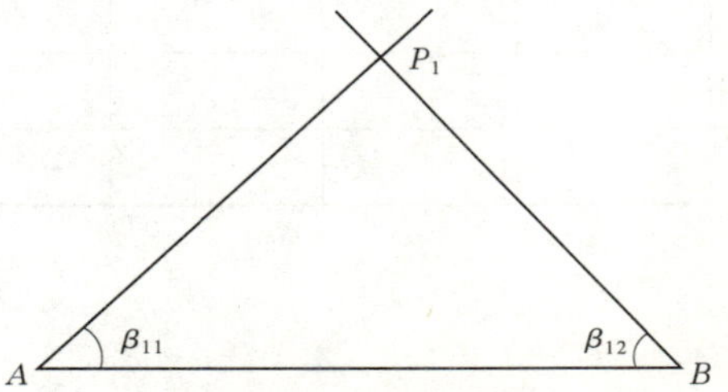

图 3-1　前方交会法示意图

五、实训记录

测设数据计算表

$\alpha_{AP_1}=\dfrac{Y_{P_1}-Y_A}{X_{P_1}-X_A}=$
$\alpha_{BP_1}=\dfrac{Y_{P_1}-Y_B}{X_{P_1}-X_B}=$
$\beta_{11}=\alpha_{AB}-\alpha_{AP_1}=$ $\beta_{12}=\alpha_{BP_1}-\alpha_{BA}=$
$\alpha_{AP_2}=$
$\alpha_{BP_2}=$
$\beta_{21}=\alpha_{AB}-\alpha_{AP_2}=$ $\beta_{22}=\alpha_{BP_2}-\alpha_{BA}=$

测设后经检查，P_1 点与 P_2 点的距离 $d_{12}=$ __________，与已知值 2.000 m 相差__________ mm。（检核边长理论值与实际值之差小于 5 cm）

实训项目四　正倒镜投点法

一、实训目的

掌握用正倒镜投点法测设已知水平角。

二、仪器设备

每组 DJ_6 经纬仪 1 台，记录板 1 块，测钎 3 根。

三、实训任务

实训小组由 6 人组成，每组完成 3 个已知水平角的测设。

四、实训步骤与方法

如图 4-1 所示，将经纬仪安置于 A 点，后视 B 点，正镜，水平度盘置零，顺时针旋转照准部至已知水平角度，在一定距离处用测钎定出 O_1 点，倒镜，后视 B 点，旋转相同角度，在 O_1 点附近定出 O_2 点，取中点 O 即为已知水平角值。

用正镜检测角度值，并计算与已知角度的误差。

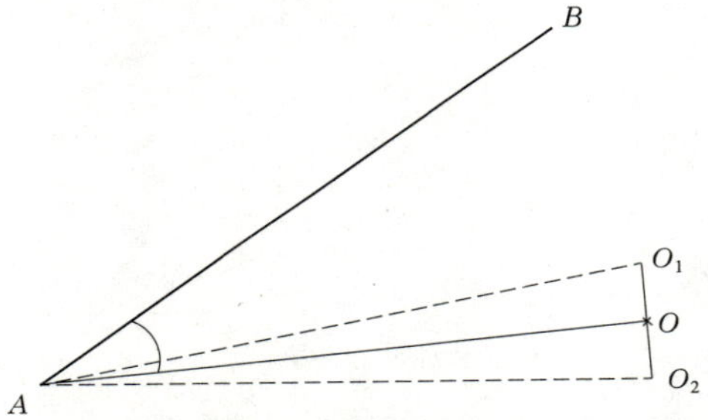

图 4-1　正倒镜投点法测设已知水平角

五、实训记录

点号	已知水平角(°)	检测水平角(°)	误差(″)
1	45		
2	90		
3	135		

实训项目五　全站仪点位放样

一、实训目的

(1)了解全站仪的功能及其主要部件的名称和作用。

(2)掌握全站仪的基本操作方法,并练习水平角、垂直角和距离的观测。

(3)掌握全站仪各种测量工作模式的操作方法,并练习坐标测量和施工放样的点位测设。

二、仪器设备

每组全站仪 1 台,小钢尺 1 把,带脚架棱镜 2 个,单棱镜 1 个,记录板 1 块。

三、实训任务

每组完成水平角、垂直角、水平距离、点的坐标测量及坐标点的实地放样任务。

四、实训步骤与方法

(一)全站仪的外部构件及名称

图 5-1 为苏州一光仪器有限公司的 RTS620 系列电子全站仪的外部构件及名称。

(二)全站仪的基本操作

1. 安装内部电池

测前应检查内部电池的充电情况,如电力不足要及时充电,充电方法及时间要按使用说明书进行,不要超过规定的时间。测量前装上电池,测量结束应卸下。

2. 安置仪器

操作方法和步骤与经纬仪类似,包括对中和整平。若全站仪具备激光对中和电子整平功能,在把仪器安装到三脚架上后,应先开机,然后选定“对中/整平”模式后再进行相应的操作。开机后,仪器会自动进行检查。自检通过后,屏幕显示测量的主菜单,如图 5-2 所示。

(三)RTS620 系列全站仪的主要功能

不同厂家生产的全站仪、同一厂家生产的不同等级的全站仪,甚至同一厂家不同时期生产的同一等级全站仪,其外观、结构、功能、键盘设计、操作方法和步骤等都有所区别。现以 RTS620 系列全站仪为例,介绍其操作功能,如图 5-3 所示。

(四)全站仪的操作使用

1. 距离测量

(1)照准目标。

(2)进入测量模式。

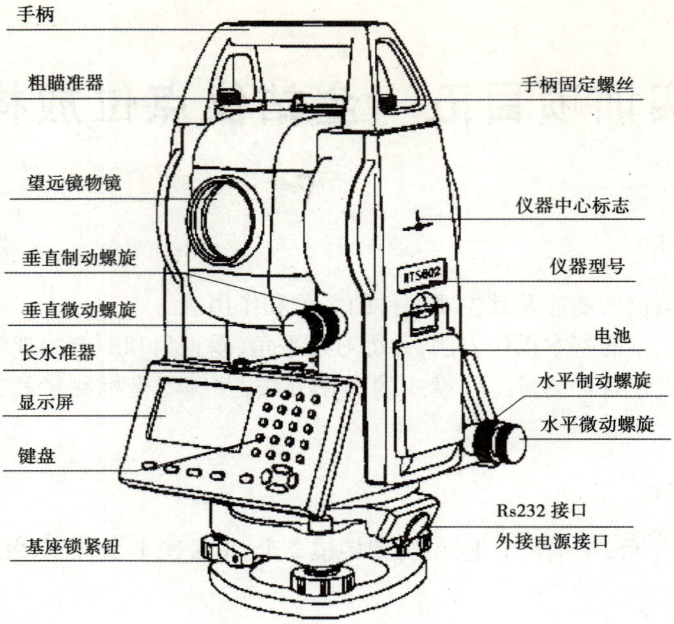

图 5-1　RTS620 系列电子全站仪

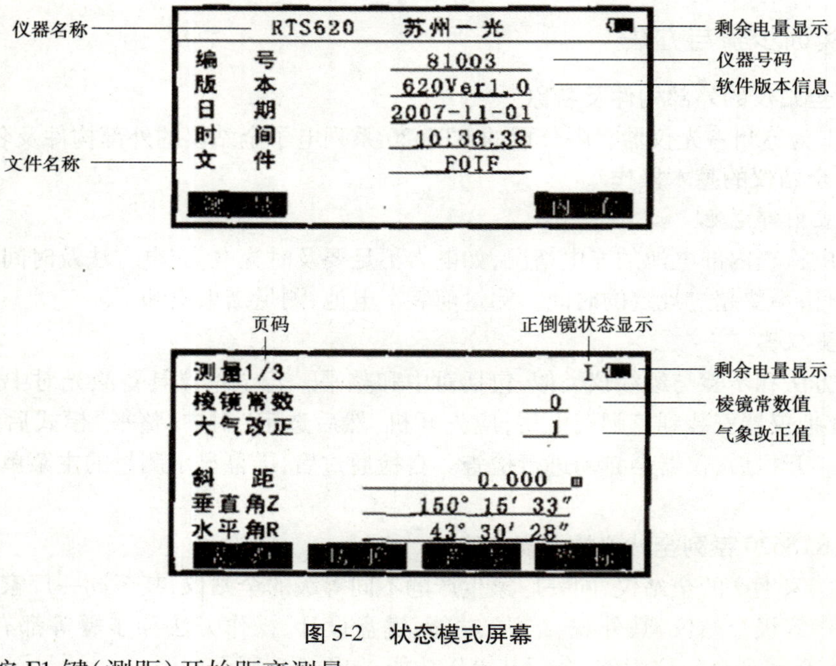

图 5-2　状态模式屏幕

(3)按 F1 键(测距)开始距离测量。

(4)按 F4 键(停)停止距离测量。

(5)按 F2 键(切换)可使距离值的显示为斜距、平距和高差,如图 5-4 所示。

2. 角度测量

(1)瞄准某一标点 A。

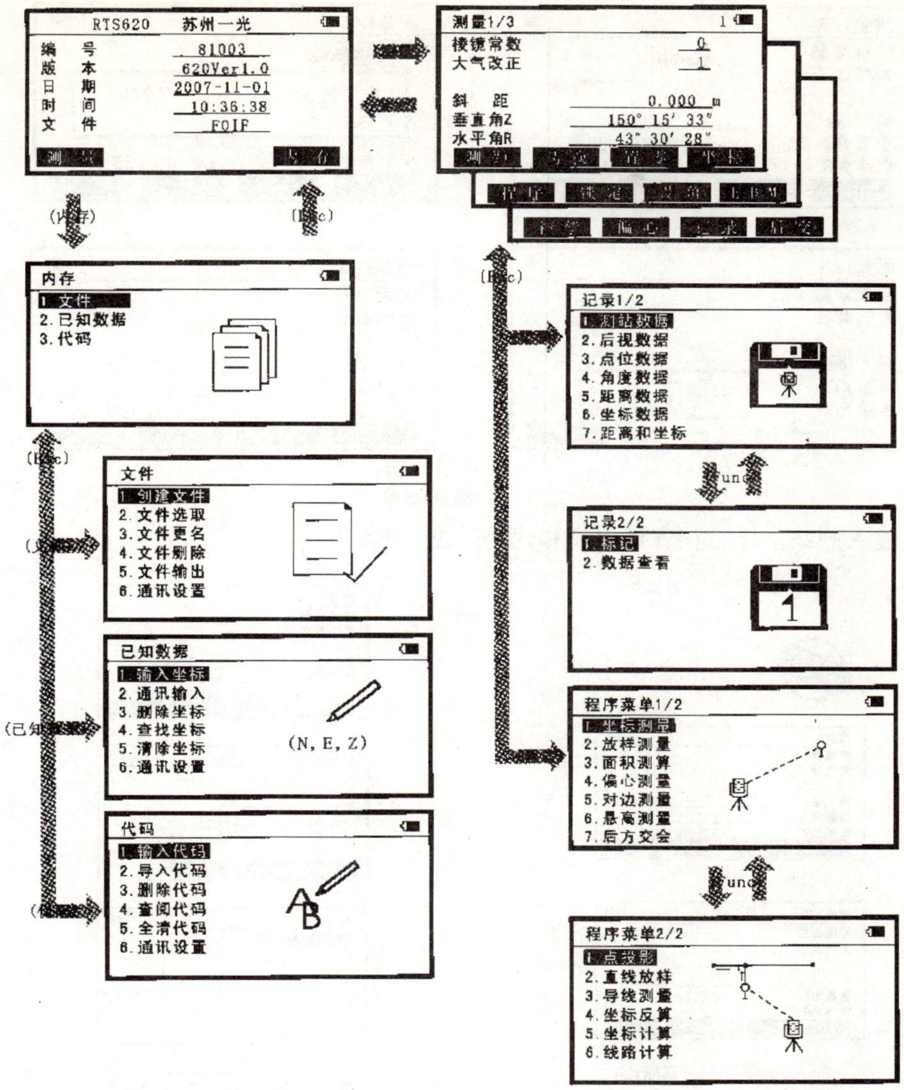

图 5-3 RTS620 系列全站仪模式结构图

(2)在测量模式第 1 页菜单下按 F3 键(置零),此时置零变为白显。

(3)再次按 F3 键(置零),按键反黑显示,此时目标点 *A* 方向值已置为零。

(4)照准目标 *B*。屏幕显示的角度即为目标点间的夹角,如图 5-5 所示。

3. 坐标测量

1)输入测站数据

(1)进入测量模式第 1 页。

(2)按 F4 键(坐标)进入"坐标测量"屏幕。

(3)按 F1 键(测站)进入"测站定向"。

(4)选取"测站坐标"。

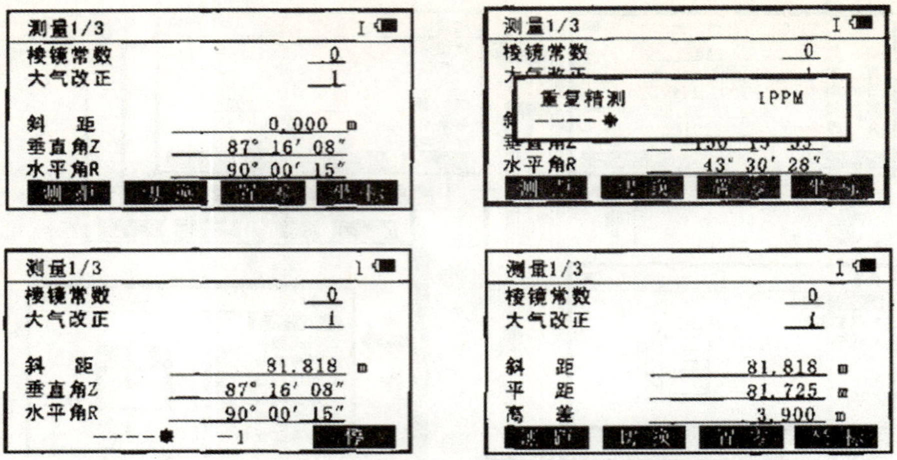

图 5-4　距离测量

(5)输入测站坐标、点名、仪器高和代码数据,如图 5-6 所示。

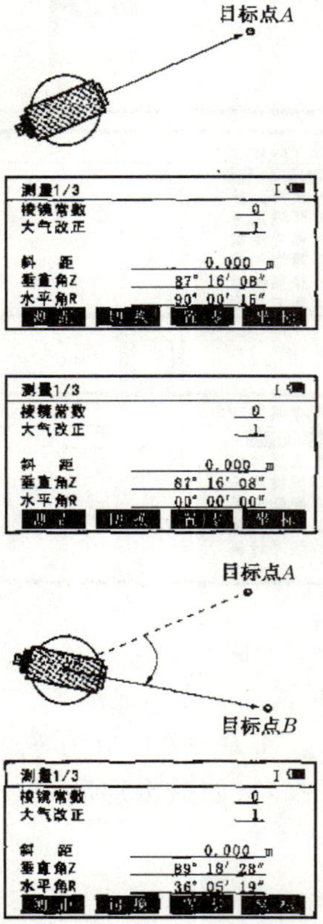

图 5-5　角度测量

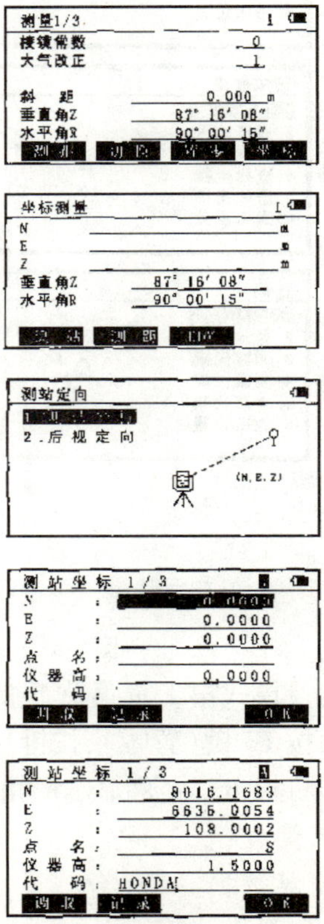

图 5-6　输入测站数据

2)后视方位角设置

(1)在“坐标测量”屏幕下按 F1 键选取“测站”,然后选取“后视定向”。

(2)按 F1 键(坐标),输入后视点的点名和坐标。

(3)按 F4 键(OK)确认输入的后视点数据。

(4)照准后视点按 F4 键(YES)设置并记录后视方位角,如图 5-7 所示。

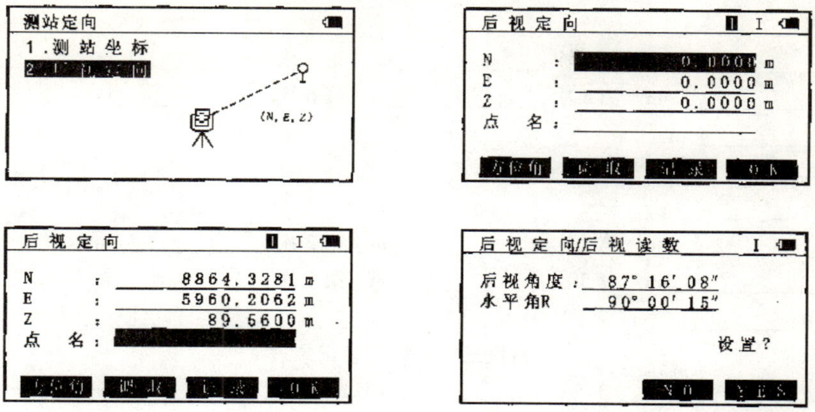

图 5-7 后视方位角设置

五、实训记录

全站仪测回法测水平角记录表

日期:______年______月______日 天气:______ 仪器型号:______ 组号:______

观测者:______ 记录者:______ 立棱镜者:______

测点	盘位	目标	水平度盘读数(° ′ ″)	水平角(° ′ ″)		示意图
				半测回值	一测回值	

全站仪水平距离测量记录表

日期:______年______月______日　天气:______　仪器型号:______　组号:______

观测者:______________　记录者:______________　立棱镜者:______________

直线段名:______－______

第 1 次:____________m　第 2 次:____________m　第 3 次:____________m

第 4 次:____________m　第 5 次:____________m　第 6 次:____________m

平均:____________m

直线段名:______－______

第 1 次:____________m　第 2 次:____________m　第 3 次:____________m

第 4 次:____________m　第 5 次:____________m　第 6 次:____________m

平均平距:____________m

全站仪三维坐标测量记录表

日期:______年______月______日　天气:______　仪器型号:______　组号:______

观测者:______________　记录者:______________　立棱镜者:______________

已知:测站点__________的三维坐标 $X=$__________m, $Y=$__________m, $H=$__________m

待放样点__________的三维坐标 $X=$__________m, $Y=$__________m, $H=$__________m

待放样点__________的三维坐标 $X=$__________m, $Y=$__________m, $H=$__________m

待放样点__________的三维坐标 $X=$__________m, $Y=$__________m, $H=$__________m

待放样点__________的三维坐标 $X=$__________m, $Y=$__________m, $H=$__________m

待放祥点__________的三维坐标 $X=$__________m, $Y=$__________m, $H=$__________m

量得:测站仪器高＝__________,前视点__________的棱镜高＝__________

则:待放样点__________处的地面,需__________(填“填”或“挖”),其填挖高度为__________m

待放样点__________处的地面,需__________(填“填”或“挖”),其填挖高度为__________m

待放样点__________处的地面,需__________(填“填”或“挖”),其填挖高度为__________m

待放样点__________处的地面,需__________(填“填”或“挖”),其填挖高度为__________m

待放样点__________处的地面,需__________(填“填”或“挖”),其填挖高度为__________m

实训项目六　高程测设

一、实训目的

掌握高程测设的基本方法。

二、仪器设备

每组 DS_3 水准仪 1 台，记录板 1 块，塔尺 1 根，木桩 6 根，测钎 2 根。

三、实训任务

实训小组由 6 人组成，每组完成已知高程点的测设。

四、实训步骤与方法

如图 6-1 所示，水准仪安置于与 A、P 点大致相等的距离处。A 点木桩上立水准尺，读得后视读数 a，根据 A 点的高程 H_A，求得水准仪的视线高程 H_i：

$$H_i = H_A + a$$

则 P 点上水准尺应有读数：

$$b = H_i - H_P$$

在 P 点旁边各打一木桩，用逐步打入土中的方法使立于其上的水准尺读数逐渐增大至 b 为止。桩顶即为轴线点的设计高程。

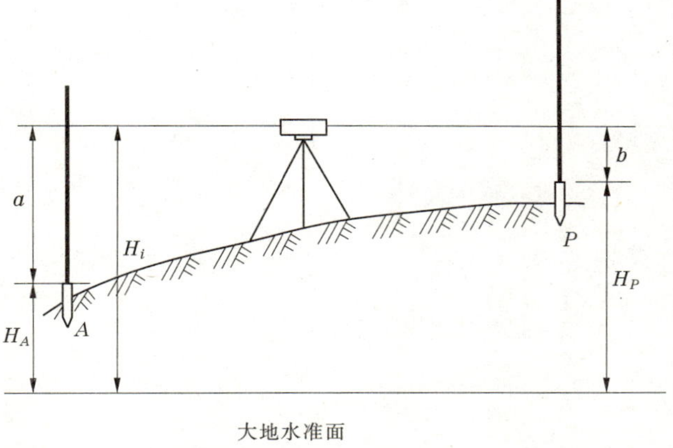

图 6-1　几何水准法测设高程

五、实训记录

点的高程测设、检测记录表

日期：　　　　　　　　组别：　　　　　　　　观测者：　　　　　　　　记录者：

测站	已知水准点		后视读数	视线读数	待测设点		前视应读数	检测	
	点号	高程（m）			点号	设计高程（m）		实际读数	误差（mm）

实训项目七　建筑基线测设

一、实训目的

掌握建筑基线的测设方法。

二、仪器设备

(1)每组 DJ_6 经纬仪 1 台,记录板 1 块,测钎 2 根,木桩 3 根,钢尺 1 把,小钉 4 个。

(2)选择 30 m×30 m 场地。

三、实训任务

实训小组由 6 人组成,每组需进行放样数据的计算,利用极坐标法测设轴线点的平面位置,完毕后认真校核。

四、实训步骤与方法

(1)如图 7-1 所示,在合适场地打下 A、B 木桩,并作标志,使 $AB=30$ m。将经纬仪安置在 A 点,完成对中、整平工作。

(2)盘左瞄准 B 点,置零,旋转照准部,拨角 90°00′00″。

(3)在望远镜视线方向插下测钎,用钢尺在该方向上丈量水平距离 $AC=25$ m,打入木桩钉上小钉标志 C 点。

(4)用经纬仪观测 $\angle BAC$。

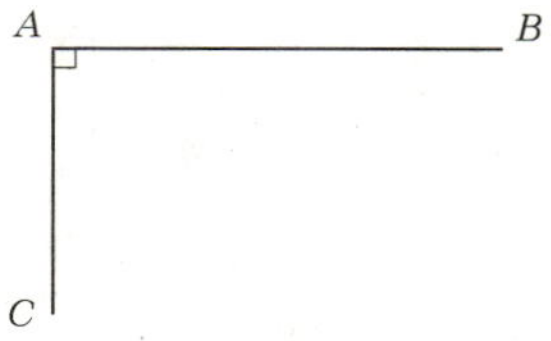

图 7-1　建筑基线测设示意图

五、实训记录

测设后经检查,$\angle BAC$ = ____________,与已知值 90°相差____________。

实训项目八　圆曲线主点及偏角法详细测设

一、实训目的

(1)掌握圆曲线主点测设元素的计算和测设方法。

(2)掌握用偏角法进行圆曲线详细测设的方法与步骤。

二、仪器设备

每组 DJ_2 经纬仪 1 台,钢尺 1 把,花杆 2 根,测钎 10 根,木桩 3 根,记录板 1 块。

三、实训任务

每组根据给定数据计算出主点测设元素,并完成圆曲线主点及其详细测设。

四、实训步骤与方法

(一)圆曲线主点测设

1. 主点测设元素计算

如图 8-1 所示,设交点 JD 的转角为 α,圆曲线半径为 R,则圆曲线的测设元素按下式计算:

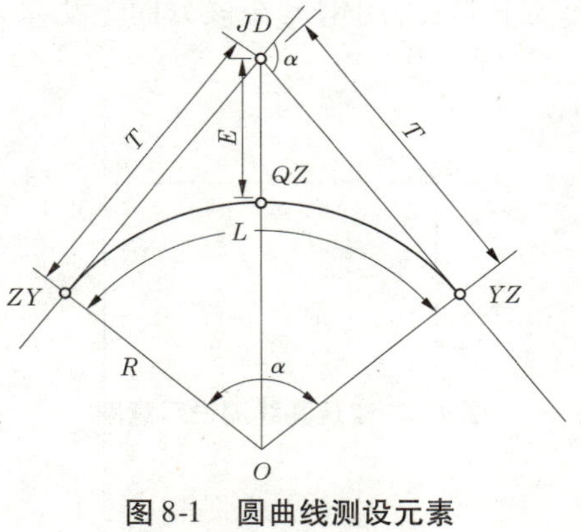

图 8-1　圆曲线测设元素

切线长　　$T = R \cdot \tan\dfrac{\alpha}{2}$

曲线长　　$L = R \cdot \alpha \cdot \dfrac{\pi}{180°}$

外矢距　　$E = R\left(\sec\dfrac{\alpha}{2} - 1\right)$

切曲差　　$D = 2T - L$

2. 主点的测设

置经纬仪于 JD 上，望远镜照准后一方向线的交点或转点，量取切线长 T，得圆曲线起点 ZY，插一测钎，然后量取 ZY 至最近一个直线桩的距离。如两桩号之差等于这段距离或相差在限值内，即可用方木桩在测钎处打下 ZY 桩，否则应查明原因，以保证点位的正确性。

同法，用望远镜照准前一方向线的交点或转点，量取切线长 T，得圆曲线终点 YZ，打下 YZ 桩。最后沿分角线方向量取外矢距 E，即得出圆曲线中点 QZ。主点是控制桩，在测设时应注意校核，并保证一定的精度。

3. 主点里程计算

交点 JD 的里程是由中线丈量得到的，根据交点里程和圆曲线测设元素，即可推算圆曲线上各主点的里程并加以校核。由图 8-1 可知：

$$\left.\begin{aligned} ZY_{\text{里程}} &= JD_{\text{里程}} - T \\ YZ_{\text{里程}} &= ZY_{\text{里程}} + L \\ QZ_{\text{里程}} &= YZ_{\text{里程}} - \frac{L}{2} \\ JD_{\text{里程}} &= QZ_{\text{里程}} + \frac{D}{2}(\text{计算校核}) \end{aligned}\right\}$$

（二）偏角法详细测设

1. 偏角和弦长的计算

偏角法是以圆曲线起点 ZY 或终点 YZ 至曲线任一待定点 P_i 的弦线与切线方向之间的弦切角（这里称偏角）Δ_i 和弦长 c_i 来确定 P_i 点的位置。

如图 8-2 所示，根据几何原理，偏角 Δ_i 等于相应弧长 l_i 所对的圆心角之半，即又因此弦长可按下式计算：

$$\varphi_i = \frac{l_i}{R} \cdot \frac{180°}{\pi}$$

$$\Delta_i = \frac{\varphi_i}{2}$$

$$\Delta_i = \frac{l_i}{R} \cdot \frac{90°}{\pi}$$

$$c_i = 2R\sin\frac{\varphi_i}{2}$$

弧弦差

$$\delta_i = l_i - c_i = \frac{l_i^3}{24R^2}$$

2. 点位测设

将经纬仪置于曲线起点 $ZY(A)$，后视交点 JD，使水平度盘读数为 00°00′00″。转动照准部至读数为 Δ_1，望远镜视线定 AP_1 方向。沿此方向，从 A 点量取首段弦长，得出整桩点 P_1；再转动照准部，使度盘读数为 Δ_2 定出 AP_2 方向。从 P_1 点起量取弧长为 l_0 的弦长 c_i

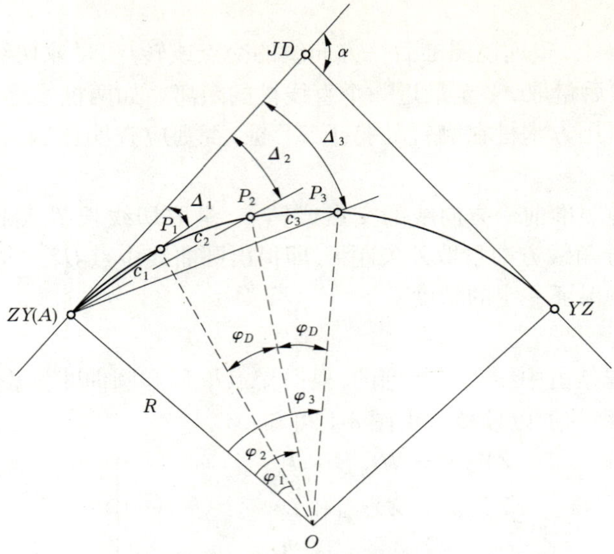

图 8-2　偏角法测设圆曲线

与视线 AP_2 方向相交得整桩点 P_2。同法，由 P_2 量出弦长 c_i 与 AP_3 方向相交得整桩点 P_3，由 P_3 定 P_4，依此类推，测设其他各点。

3. 校核

在 QZ 点和 YZ 点上进行校核，曲线测设闭合差应不超过规定要求，否则，应查明原因，予以纠正。

五、实训记录

主点要素计算如下：

由交点 $JD_{里程}$ = ________，线路转角 α = __________，经计算得：

(1) 切线长 T = ____ m，曲线长 L = ____ m，外矢距 E = ____ m，切曲差 D = ____ m。

(2) 偏角法（长弦整桩号法）测设数据。

偏角法测设数据表记录表

日期：　　　　组别：　　　　观测者：　　　　记录者：

桩号	偏角值 Δ_i (° ′ ″)	弦长 c_i (m)	测设示意图

实训项目九　基平测量

一、实训目的

(1)掌握基平测量的任务和方法。
(2)掌握基平测量的记录及成果计算方法。

二、仪器设备

每组水准仪1台,水准尺2根,钢尺1把,测钎3根,木桩3根,记录板1块。

三、实训任务

每组完成水准点设置与高程测量工作。

四、实训步骤与方法

(1)根据路线进行水准点的设置。水准点应根据地形和工程需要设置,一般情况下,水准点间距宜为1～1.5 km,山岭区可以适当加密。水准点点位应选在稳固、醒目、易于引测以及施工时不易被破坏的地方,一般应距路线中线50～300 m。水准点以*BM*表示,为了避免混乱和便于寻找,应逐个编号并作标记。

(2)将起始水准点与附近高级水准点进行联测,以获取水准点的绝对高程。当条件有限时,参考地形图选定一个与实地高程接近的数值作为起始水准点的假定高程。

(3)根据地形在地面上选定若干转点作高程传递之用。

(4)如图9-1所示,在起始的水准点BM_1上竖立水准尺,在Ⅰ站架设水准仪,读取后视点BM_1上水准尺的读数并记入后视栏;再读取转点ZD_1的读数,并将ZD_1读数记入前视栏。

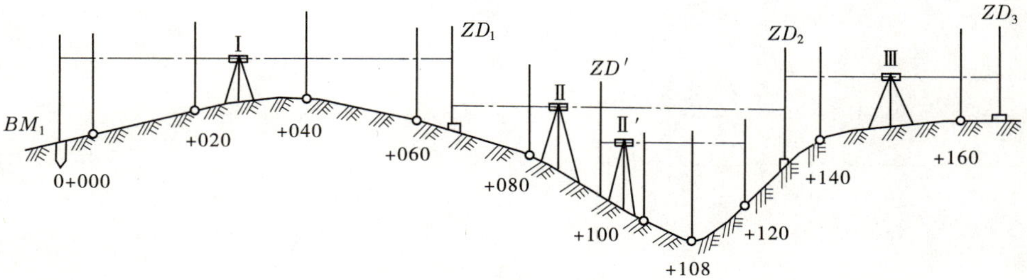

图9-1　基平测量示意图

(5)在Ⅱ测站架设仪器,读取后视点ZD_1上水准尺的读数并记入后视栏,再读取ZD_2的读数,并将读数ZD_2记入前视栏。按上述观测方法测至水准点BM_2。

(6)计算两水准点间的高差和高程。

五、实训记录

基平测量实习记录表

日期:__________ 班级:__________ 组别:__________

测站	测点	水准尺读数		高差(m)		高程 h(m)
		后视 a(m)	前视 b(m)	+	−	
Ⅰ	BM_1					
	ZD_1					
Ⅱ	ZD_1					
	ZD_2					
Ⅲ	ZD_2					
	ZD_3					
Ⅳ	ZD_3					
	ZD_4					
Ⅴ	ZD_4					
	BM_2					
计算检核	$\sum$					
	$\sum a - \sum b =$			$\sum h =$		

实训项目十　中平测量

一、实训目的

(1)熟悉中平测量的方法。

(2)掌握中平测量的记录及成果计算方法。

二、仪器设备

每组水准仪 1 台,水准尺 2 根,钢尺 1 把,测钎 3 根,木桩 3 根,记录板 1 块。

三、实训任务

每组完成长约 100 m 路线中平测量工作。

四、实训步骤与方法

(1)选择长约 400 m 的起伏地段,在路段起、终点附近分别选定水准点 BM_1、BM_2。假定水准点 BM_1 的高程,用中平测量的方法测定两水准点间的高差并计算 BM_2 的高程。

(2)拉 20 m 的桩距设置中桩,在桩位处钉木桩或插测钎,并标注桩号。

(3)如图 10-1 所示,在起点桩号附近的水准点 BM_1 上竖立水准尺,根据整个测设过程,在Ⅰ点处架设仪器,读取后视点 BM_1 上水准尺读数并记入后视栏;再依次读取本站各中桩处的地面上竖立水准尺的读数,将各读数记入中视栏;最后读取 ZD_j 的读数并记入前视栏。

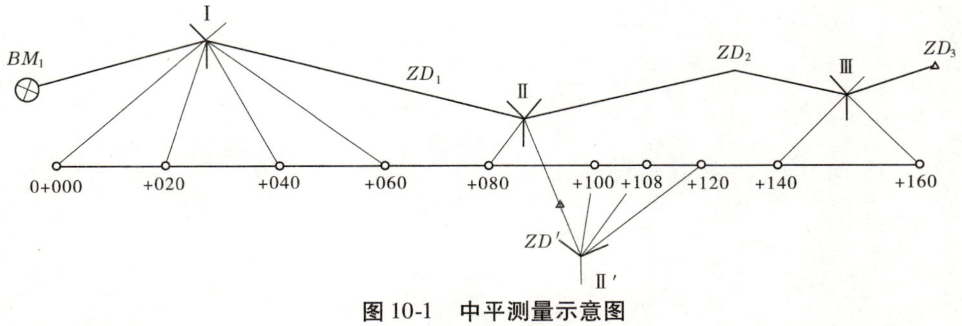

图 10-1　中平测量示意图

(4)在Ⅱ点处架设仪器,读取后视点 ZD_1,读取水准尺的读数并记入后视栏;再依次读取本站各中桩处的地面上竖立水准尺的读数,将各读数记入中视栏;最后读取 ZD_2 的读数并记入前视栏。

(5)按上述观测方法测出所有中桩并测至路线终点附近的水准点 BM_2。

(6)计算各中桩地面高程。

五、实训记录

路线中桩高程测量记录计算表

日期：__________ 班级：__________ 组别：__________ 姓名：__________ 学号：__________

测点及桩号	水准尺读数(m)			视线高程(m)	高程(m)
	后视	中视	前视		
校核					

实训项目十一　横断面测量

一、实训目的

(1)熟悉横断面测量的方法。

(2)掌握横断面测量记录及成果整理的方法。

二、仪器设备

每组水准仪 1 台,水准尺 2 根,钢尺 1 把,花杆 5 根,木桩 3 根,记录板 1 块。

三、实训任务

每组用水准仪皮尺法完成道路横断面测量工作。

四、实训步骤与方法

(1)按 20 m 的桩距设置中桩,在桩位处钉木桩,并标记桩号。

(2)确定中桩的横断面方向。在直线段,横断面方向应与路线方向垂直,一般用方向架确定;在曲线段,横断面方向应与测点切线方向垂直,一般用球心方向架测定。

(3)如图 11-1 所示,用水准仪皮尺法测量横断面。水准仪安置后,以中桩为后视,在横断面方向的边坡点上立尺进行前视读数,并用钢尺量出边坡点距中桩的水平距离,填入记录表格。

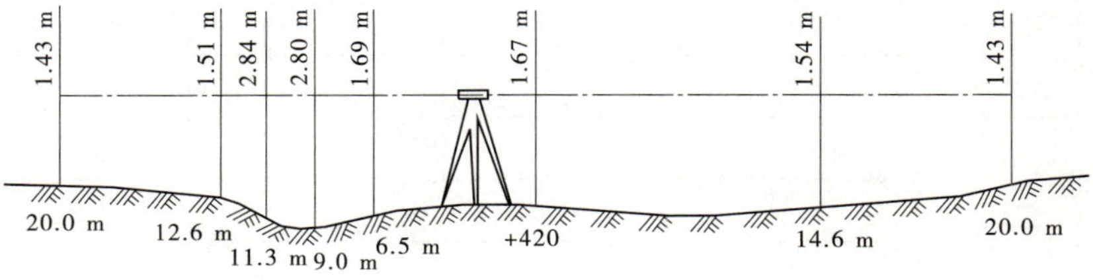

图 11-1　横断面测量示意图

五、实训记录

横断面测量实习记录表

日期:__________ 班级:__________ 组别:__________ 姓名:__________ 学号:__________

桩号	各变坡点距中桩距离(m)		后视读数(m)	前视读数(m)	各变坡点与中桩点间高差(m)
	左侧				
	右侧				
	左侧				
	右侧				